— 纽约风 —

健康的蔬菜谷物沙拉

〔日〕山田玲子 著　　何凝一 译

U0247831

南海出版公司

2018·海口

什么是沙拉盘？

沙拉盘（BOWL）是从处于流行最前沿的纽约传来，继奶昔、罐沙拉后，又在日本掀起的饮食潮流。以新鲜的蔬菜叶为主要食材，与藜麦、大麦、糙米等杂粮和椰子、奇亚籽等超级食物、豆类自由搭配组合而成的沙拉。

日式沙拉盘采用白米代替杂粮，分量有所减少，但富含蔬菜和其他食材，类似健康沙拉饭。

只要一份沙拉就足够，无须其他食物，营养均衡的完美代餐。

受纽约人青睐的理由

拥有超高人气的秘密在于，在忙碌的都市生活中，纽约人对于美与健康的追求从未停止，这样的生活方式与沙拉盘的理念完全契合。沙拉盘使用的是有机蔬菜，新鲜美味的同时又富含营养。但是，需要即时食用。放置一段时间后，维生素C含量便会显著降低，造成营养流失。另外，食材选择自由，因此可根据每日的心情及身体状况，挑选广受好评的日式食材、粗粮、超级食物等制作。

本书介绍的"沙拉盘"

本书从日本家庭烹饪的角度考虑，在方兴未艾的纽约沙拉盘中加入少许日本元素，稍微进行改良。均是选用方便购买的食材，延续食物味道和形态。另一方面，借鉴纽约人极具创造力的改良技术，不问食材的东西方差异，反而更注重食物的味道与高营养价值组合。本书将为大家慢慢介绍简单、美味、健康沙拉盘所富有的魅力。

山田玲子

纽约的"sweetgreen"（摄影：Kurobe Eri）

说起纽约沙拉盘引起人们的关注，还要回到2013年。那时，位于麦迪逊广场南部的沙拉店"sweetgreen"刚开业。根据顾客的要求自由选择食材，15种调味汁满足不同口味的需求，这样的经营模式牢牢抓住纽约人的心。午餐时间沙拉店门口更是人山人海。之后，多家店铺纷纷效仿，现在连星巴克都推出沙拉盘了。

※ "sweetgreen" 2007年成立于华盛顿。5年间已成长为拥有22家连锁店的品牌。2013年才进军纽约。

. GOOD at BOWL .
— 沙拉盘的魅力 —

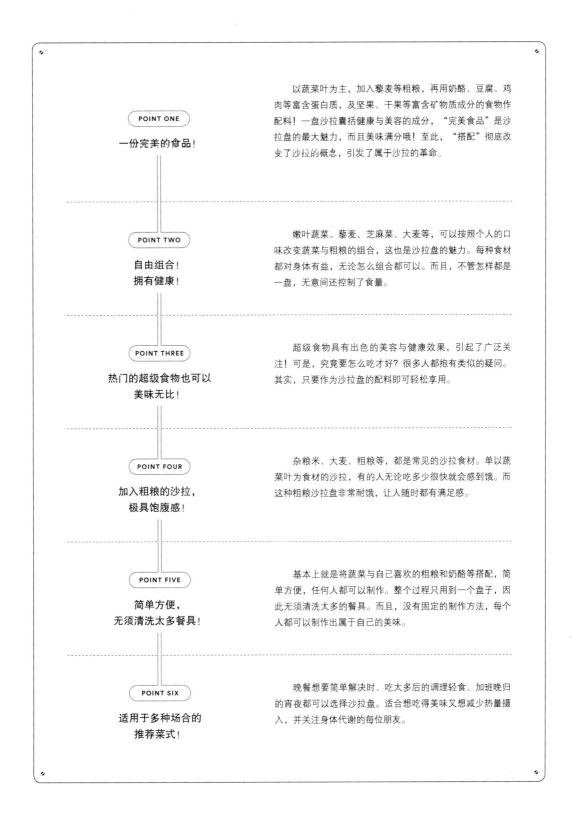

POINT ONE

一份完美的食品!

以蔬菜叶为主,加入藜麦等粗粮,再用奶酪、豆腐、鸡肉等富含蛋白质,及坚果、干果等富含矿物质成分的食物作配料!一盘沙拉囊括健康与美容的成分,"完美食品"是沙拉盘的最大魅力,而且美味满分哦!至此,"搭配"彻底改变了沙拉的概念,引发了属于沙拉的革命。

POINT TWO

自由组合!
拥有健康!

嫩叶蔬菜、藜麦、芝麻菜、大麦等,可以按照个人的口味改变蔬菜与粗粮的组合,这也是沙拉盘的魅力。每种食材都对身体有益,无论怎么组合都可以。而且,不管怎样都是一盘,无意间还控制了食量。

POINT THREE

热门的超级食物也可以
美味无比!

超级食物具有出色的美容与健康效果,引起了广泛关注!可是,究竟要怎么吃才好?很多人都抱有类似的疑问。其实,只要作为沙拉盘的配料即可轻松享用。

POINT FOUR

加入粗粮的沙拉,
极具饱腹感!

杂粮米、大麦、粗粮等,都是常见的沙拉食材。单以蔬菜叶为食材的沙拉,有的人无论吃多少很快就会感到饿。而这种粗粮沙拉盘非常耐饿,让人随时都有满足感。

POINT FIVE

简单方便,
无须清洗太多餐具!

基本上就是将蔬菜与自己喜欢的粗粮和奶酪等搭配,简单方便,任何人都可以制作。整个过程只用到一个盘子,因此无须清洗太多的餐具。而且,没有固定的制作方法,每个人都可以制作出属于自己的美味。

POINT SIX

适用于多种场合的
推荐菜式!

晚餐想要简单解决时、吃太多后的调理轻食、加班晚归的宵夜都可以选择沙拉盘。适合想吃得美味又想减少热量摄入,并关注身体代谢的每位朋友。

目录
CONTENTS

前言……………………………………002

沙拉盘的魅力……………………………003

一些有关本书的说明……………………006

① 基础沙拉盘

①基础沙拉盘………………………009

②基础热沙拉锅……………………011

③适合沙拉盘的粗粮………………012

④解决使用粗粮时遇到的疑问……013

⑤蔬菜………………………………015

⑥超级食物…………………………016

⑦豆类………………………………017

⑧基本调味汁的制作方法…………018

② 粗粮香溢

【杂粮米】

车达奶酪生火腿意式沙拉…………021

西蓝花菠菜咖喱沙拉………………023

番薯鸡肉罗勒酱沙拉………………024

塔塔酱沙拉…………………………026

小番茄马苏里拉奶酪沙拉…………027

章鱼芦笋搭配柚子胡椒的风味沙拉…028

毛豆沙丁鱼沙拉……………………029

【藜麦】

松软干酪与葡萄干搭配的沙拉……………031

番薯卷心菜爽口沙拉………………………033

车达奶酪蘑菇沙拉…………………………034

甜菜奶酪俄罗斯风味沙拉…………………035

炸洋葱煎蛋沙拉……………………………036

松软干酪薄荷沙拉…………………………037

【糙米】

柚子芹菜沙拉………………………………039

红甜菜橄榄玫瑰色沙拉……………………041

豆苗核桃培根沙拉…………………………043

芦笋蟹肉蛋黄酱沙拉………………………044

毛豆红辣椒凉拌卷心菜沙拉………………045

【大麦】

苹果奶油奶酪沙拉…………………………047

腌泡豆腐胡萝卜彩丝沙拉…………………049

杧果热带沙拉………………………………050

山药豆腐白色沙拉…………………………051

生火腿鸡蛋沙拉……………………………051

山药京水菜脆爽沙拉………………………052

泰式大虾粉丝沙拉…………………………053

盐海带小白鱼干日式沙拉…………………054

③ 超级食物 & 牛油果

【椰子】

西葫芦椰子夏威夷沙拉……………057

椰子风味金枪鱼沙拉……………059

豆腐牛油果日式时尚沙拉……………060

菜花天贝美味沙拉……………061

【蔬菜新芽】

豆芽鸡肉辣白菜日式沙拉……………063

番茄干西蓝花新芽沙拉……………064

西蓝花新芽温泉蛋沙拉……………065

阳荷紫苏嫩香沙拉……………065

【奇亚籽】

奇亚籽秋葵纳豆日式沙拉……………067

奇亚籽双孢菇香脆培根沙拉……………068

奇亚籽炸豆腐松脆沙拉……………069

腌泡烟熏三文鱼萝卜奇亚籽沙拉……………069

干果奇亚籽酸奶沙拉……………070

【牛油果】

腌金枪鱼牛油果沙拉……………071

牛油果洋葱墨西哥沙拉……………073

牛油果蓝纹奶酪沙拉……………075

牛油果番茄杏仁风味沙拉……………076

④ 醇香豆类

西蓝花番茄鹰嘴豆泥沙拉……………079

紫洋葱芹菜加州梅沙拉……………081

孔泰奶酪调味豆渣沙拉……………082

大豆咖喱沙拉……………083

小扁豆帕尔玛干酪沙拉……………085

小扁豆橄榄罗勒沙拉……………086

双色彩椒小扁豆沙拉……………086

⑤ 暖心沙拉锅

麦香法式炖菜热沙拉……………089

干咖喱杂粮米奶酪沙拉……………091

牛排蓝纹奶酪糙米热沙拉……………092

大麦三文鱼蘑菇热沙拉……………093

牛油果松软沙拉……………095

[一些有关本书的说明]

○ 料理均以1人份为基准。有时也会根据不同的料理，选取适于制作的分量。

○ 关于计量单位，液体的1大匙=15mL、1小匙=5mL、1杯=200mL。其他材料则用g、kg表示。

○ 调味汁的分量可按个人喜好酌情调整。

○ 本书中的"粗粮（杂粮米、藜麦、糙米、大麦）"均是煮熟或是蒸熟后冷冻保存再解冻食用。分量是指在完全解冻的状态下所占的分量。

○ 食用油可选用自家平日所用的油。

○ 本书中提及"大麦"的部分，使用的均是商品名为"即食糯麦"的食材，"杂粮米"则使用商品名为"美味十六谷杂粮饭"（均为Hakubaku提供）的食材。

[参考文献]

《时令蔬菜营养事典》（日本x-knowledge）

《食品成分表2015》（日本女子营养大学出版部）

《烹饪所需的基本数据》（日本女子营养大学出版部）

SALAD BOWL RECIPE

FROM NEW YORK STYLE

BASIC BOWL
基础沙拉盘

一盘兼具美容与健康功效的沙拉在手，
传递"完全食*"的沙拉盘魅力。
详细说明粗粮的煮法与保存方法，
以及蔬菜和超级食品的功效。
可随意组合，
制作出专属自己的沙拉盘。

＊完全食：日语，指代营养丰富的食材。

基础沙拉盘

蔬菜、粗粮、奶酪与坚果……随心组合。除了此处介绍的食材之外，还可以加入自己喜欢的配料，制作出美味、健康的沙拉。

· *ingredients* · ［材料］1人份

· 蔬菜嫩叶·····················45g
· 香菜··························20g
· 藜麦··························15g
· 大麦··························40g
· 松软白干酪····················10g

· 鸡胸肉（蒸熟）···············40g
· 小番茄·······················3颗
· 蔓越莓干····················适量
· 核桃························10g

· *dressing* · （制作方法→P18）
柠檬调味汁

· *how to cook* · ［制作方法］

❶ 用水洗净蔬菜嫩叶，充分滤干水分。

❷ 香菜切成适口的大小，与蔬菜嫩叶一起放入容器中。

❸ 加入解冻后的藜麦和大麦。

❹ 再放入松软白干酪、撕碎的蒸鸡肉、切半的小番茄、蔓越莓干、炒香的核桃等配料。

❺ 最后浇上柠檬调味汁，搅拌均匀即可。

＼ FINISH!! ／

基础热沙拉锅

外形时尚，又能让食材更加入味的功能性人气汤锅。放入满满的绿叶蔬菜，加热变软后就可以享用美味啦！

· *ingredients* · ［材料］1人份

· 糙米 ···················· 80g	· 里科塔奶酪 ················· 1大匙
· 球生菜 ···················· 50g	· 松子 ························· 适量
· 豆苗 ···················· 40g	
· 油浸沙丁鱼 ··············· 3条	· *dressing* · （制作方法→P18）
· 番茄干 ···················· 7g	葡萄酒醋调味汁

· *how to cook* · ［制作方法］

❶ 糙米解冻后放入汤锅中（直径16cm）。

❷ 依次将球生菜、去根的豆苗放入锅中。

❸ 再加入油浸沙丁鱼、番茄干、里科塔奶酪、松子等配料，用中火加热。

❹ 5分钟后关火，焖1分钟即可！

❺ 浇上调味汁，搅拌均匀。

适合沙拉盘的粗粮

与调味汁搭配，格外美味哦！

粗粮中富含食物纤维、铁、钙以及多种矿物质，是非常有颗粒感的配料。

①
Brown rice
［糙米］

糙米中所含的阿魏酸有抗氧化作用，能防止血管和肌肉老化；GABA可辅助大脑机能，在预防阿尔茨海默症方面有一定效果。与白米相比，食用糙米后血糖值不易升高，在预防糖尿病方面也备受瞩目。

③
Quinoa
［藜麦］

广于南美洲安第斯地区，具有悠久历史的粗粮。钙的含量是白米的3倍，可预防骨质疏松。另外，藜麦所含的铁是白米的5倍，可起到预防贫血的作用。维生素B_1与B_2的含量是白米的10倍，是具有缓解疲劳和预防感冒功效的超级食物。

②
Barley
［大麦］

大麦中富含的食物纤维几乎是白米的20倍，特别推荐给患有便秘的朋友。日本人普遍缺钙，而大麦所含的钙大约是白米的3倍。图片所示为"糯麦"，与普通的大麦相比，更有黏性。

④
Sixteen grain
［十六种谷物］

籽粒苋种子、小米、黄米、稗子、薏仁米、紫米、黑豆等16种粗粮混合而成的食材。本书所用的食谱中，以1合*白米对应30g谷物的比例进行混合，再煮熟。称为"杂粮米"。

*1合=150g

粗粮与糙米

　　粗粮是"日本人除主食以外，被广泛利用的谷物的总称"，包括大麦、薏仁米、黄米、小米、稗子、荞麦、籽粒苋种子、豆类等。现代人大多以白米为主食，糙米和出芽的糙米都被认为是粗粮（根据日本粗粮协会网站介绍）。

　　与白米相比，粗粮含有丰富的维生素、矿物质、食物纤维等。本书从众多的粗粮中，选取常见且烹调方便的糙米、大麦、藜麦与16种

粗粮混合的"十六谷物米"为原料。豆类的烹调方法不同，另当别论。

　　糙米是未经过精加工的稻米，形态较为完整。美国将其称为天然食物，实际上所有谷物都可称为天然食物。通常的煮法是：用静置一晚的水浸泡，放入压力锅中煮熟。最近，还有专门烹制糙米的电饭煲问世。大麦、藜麦的煮法可参见右页。

解决使用粗粮时遇到的疑问

想尝试一下藜麦与大麦，却不清楚用什么样的烹调方法……
下面就向大家介绍几种藜麦与大麦的烹调方法与保存方法。

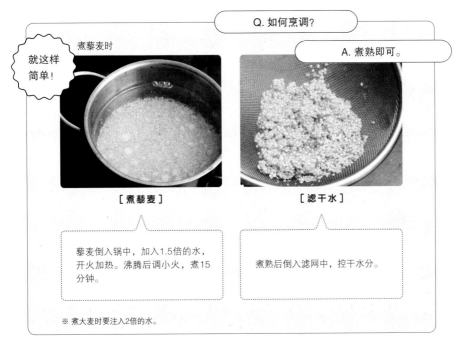

Q. 如何烹调?

就这样
简单!

煮藜麦时

A. 煮熟即可。

[煮藜麦]

[滤干水]

藜麦倒入锅中，加入1.5倍的水，开火加热。沸腾后调小火，煮15分钟。

煮熟后倒入滤网中，控干水分。

※ 煮大麦时要注入2倍的水。

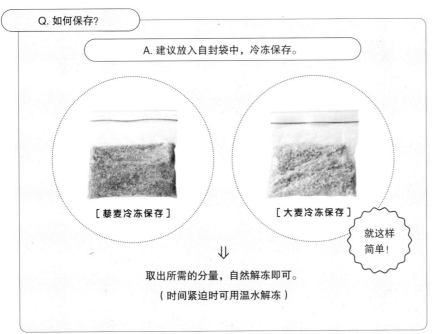

Q. 如何保存?

A. 建议放入自封袋中，冷冻保存。

[藜麦冷冻保存]

[大麦冷冻保存]

就这样
简单!

⇓

取出所需的分量，自然解冻即可。

（时间紧迫时可用温水解冻）

除沙拉以外的使用方法　可用于制作汉堡，100g混合肉馅对应1大匙粗粮，充满香脆口感，同时还能提升营养价值。另外还能用于煮汤和制作五谷麦片。

蔬菜

沙拉盘能装下不少绿叶蔬菜，让人大饱口福。纽约沙拉盘最基本的特点就是选用新鲜的有机蔬菜，与口感不同的食材组合，美味满分。

常用的蔬菜!

mesclun greens
[蔬菜嫩叶]

发芽后30天以内的混合蔬菜嫩叶，鲜嫩无苦涩口感，方便食用。对菜叶的种类并无特殊要求，常用的有生菜、苦苣、芝麻菜、菠菜、京水菜、小松菜等。从营养方面来看，生菜嫩叶中富含的钙与铁是普通生菜的3倍、维生素C是4倍、β–胡萝卜素是10倍，营养价值相当高。

---

①
Watercress
[水芹]

独特的微苦与微辣口感，证明它富含药效成分。可促进消化和调理肠胃，同时还含有丰富的维生素K，能预防骨质疏松。稍硬的茎部，加热后有甘甜味。

②
Red-tip leaf lettuce
[紫叶生菜]

与球生菜不同，叶子顶端呈紫红色。紫叶生菜的叶子鲜嫩，带有微微的苦味。相较于其他蔬菜叶，β–胡萝卜素与维生素E的含量较多。

③
Lettuce with curled leaves
[绿叶生菜]

叶子顶端呈细小的卷曲状，又称卷叶生菜。卷曲部分层层叠叠，看起来很有饱腹感，适合减肥时食用。

---

④
Puple onion
[紫洋葱]

又称红洋葱，品种名为红皮洋葱。与普通的洋葱相比，辣味和刺激性气味较弱，适合生吃。紫色表皮含有抗氧化的花青素成分，用醋调味会变色。

⑤
Coriander
[香菜]

泰语中读作帕库奇，汉语中则是香菜，英语用Coriander表示，也作为药草使用。具有缓解压力，改善肠胃功能和排毒的功效。

⑥
Rocket salad
[芝麻菜]

一种香草，其特点是略带芝麻风味和辛辣感。此外还富含β–胡萝卜素和维生素C、维生素E等具有抗氧化作用的成分。多种功效相加，能预防肌肉与血管老化。

---

⑦
Potherb mustard
[京水菜]

京水菜口感清脆，烹调时可先用水洗净，然后浸入冷水中。富含钙与镁，能强化骨骼。而大量的铁元素也起到预防贫血的作用。

⑧
Avocado
[牛油果]

虽然属于水果，但常用于制作沙拉，极具特色的存在。果肉富含脂肪，与橄榄油一样，通过油酸的作用，降低胆固醇。

⑨
Broccoli Sprout
[西蓝花嫩芽]

嫩芽是植物发出的芽的总称。除西蓝花以外，还有紫甘蓝、芝麻菜等各种嫩芽。发芽的过程同样能促进维生素的合成，提高营养价值。

---

⑩
Broccoli Super Sprout
[西蓝花新芽]

比西蓝花嫩芽更鲜嫩，刚冒尖时就进行采摘。含有高浓度莱菔硫烷，含量约为成熟西蓝花的20倍，属于超级食物。据说还有预防癌症的效果。

⑪
Sugar pea vine
[豆苗]

豌豆的嫩芽，茎比其他蔬菜嫩芽的长，美味清香。含有丰富的β–胡萝卜素和维生素C，具有预防感冒和美容的作用。

⑫
Romaine lettuce
[罗马生菜]

细长、叶厚，口感较好。最常用于制作凯撒沙拉，此外还有多种用法。与普通的生菜相比，富含维生素C、维生素E、β–胡萝卜素和多酚。

BASIC

（6）

超级食物

超级食物中含有大量维生素、矿物质、抗氧化成分等有效物质。

每日摄入少量此类食物，是保持美丽与健康的秘诀。

①
Wolfberry
[枸杞]

中药中枸杞被认为是长生不老药，具有降低血压和血糖值，改善肩周炎、腰痛的作用。同时，枸杞中还富含淡斑的美白成分。

②
Coconut
[椰丝]

椰子经干燥处理即可制成椰子粉和椰丝，或者经过熬煮后，提炼出椰子油。而未经精制提炼的"纯味型"椰子油颇受欢迎。

③
Pine nut
[松子]

具有恢复疲劳，提高免疫力与体力的功效。含有大量钾元素，有利于排出体内多余的水分，起到消肿的作用。

④
Walnut
[核桃]

富含人体内不可或缺的脂肪酸（α-亚麻酸），有助于促进大脑活动，预防阿尔茨海默症。同时，具有降低血压和胆固醇的作用。

⑤
Chia seed
[奇亚籽]

奇亚籽为原产于中南美洲的芡欧鼠尾草的种子。建议每天食用1大匙，即可满足身体所需的α-亚麻酸，达到抗衰老和减肥的效果。

⑥
Raisin
[葡萄干]

葡萄经过干燥处理就是葡萄干，醇味与营养价值都得到浓缩。具有改善肠道环境，抚平肌肤皱纹的功效，同时还能预防骨质疏松和贫血。

⑦
Cranberry
[蔓越莓]

原产于北美洲，可当作治疗外伤的药物使用。蔓越莓中富含多酚，具有出色的抗氧化作用。有淡斑与除皱纹功效，还能预防胃溃疡与膀胱炎。

⑧
Sliced almond
[杏仁片]

杏仁切片后的产物。可以生吃，不过烘烤后味道更香。含有大量的维生素E、α-亚麻酸，有抗衰老的作用。

⑨
Pumpkin seed
[南瓜子]

南瓜子中所含的β-胡萝卜素是果肉的5倍，维生素E具有抗衰老的功效。亚麻酸可降低胆固醇，有利于预防心脑血管疾病。

豆类

将干燥的豆类煮熟虽然会费一些功夫，但可以冷冻保存，需要时取出来即可，非常方便。常用于沙拉中，可增加分量。

①

Soy

[大豆]

大豆首先能提供人体所需的蛋白质，大豆中含有的异黄酮可调节激素平衡、大豆卵磷脂可预防老化，而大豆皂甙则具有促进大脑活动的作用。

②

Chickpea

[鹰嘴豆]

形状酷似鹰嘴，低脂肪、高蛋白，适合减肥食用。碾碎后可代替面粉，能有效解决对小麦制品过敏的问题。

③

Lentil

[小扁豆]

直径不足1cm，呈扁平形状，无须浸泡，可直接烹调。小扁豆中富含锌元素，缺锌会导致味觉障碍。同时还具有提高免疫力和美肌的作用。

HOW TO BOIL

豆类的煮法

[大豆&鹰嘴豆]

取大约干燥的豆类体积3倍的水，放入豆类浸泡8小时。滤干水分后注入新水，撒入一小撮盐，用大火加热。沸腾后撇去浮沫，再调至中火或小火。保持水量始终没过豆粒，再煮1小时。

[小扁豆]

在干燥的小扁豆中加入大量水，用中火加热。撇去浮沫后再煮15～20分钟。

HOW TO SAVE

豆类的保存方法

[干燥的豆类]

避免湿气，密封后冷藏或冷冻保存。

[煮好的豆类]

滤干煮汁，分装成小袋，冷冻保存。使用时可用自然解冻的方法，或带着包装袋一起用冷水解冻。

基本调味汁的制作方法

本书会向大家介绍三种基本调味汁的制作方法！

纽约的餐馆中，常有十几种调味汁可供选择。但制作家庭沙拉时，不可能准备那么多。

日式调味汁

葡萄酒醋调味汁

柠檬调味汁

柠檬调味汁

将食材倒入碗中，搅拌均匀。

- 柠檬汁·························· 2大匙略少
- 食用油（按个人喜好挑选）····· 2大匙
- 盐、胡椒粉······················ 各少许

葡萄酒醋调味汁

将食材倒入碗中，搅拌均匀。

- 葡萄酒醋························· 2大匙
- 食用油（按个人喜好挑选）····· 2大匙
- 盐、胡椒粉······················ 各少许

日式调味汁

将食材倒入碗中，搅拌均匀。

- 酱油····························· 1⅔大匙
- 醋······························· 1½大匙
- 砂糖····························· 少许
- 食用油（按个人喜好挑选）····· 3大匙

⇨ 调味汁所用的食用油推荐橄榄油、葡萄籽油、玉米油等。可根据个人的口味与喜好选择使用。

(2)

MILLET
粗粮香溢

沙拉盘的特点是添加了粗粮。
粗粮富含食物纤维、铁、钙，
满口的颗粒感非常适合制作沙拉！
本章将为大家介绍用杂粮米、
藜麦、糙米、大麦制作的沙拉。

车达奶酪生火腿意式沙拉

杂粮米的紫色，是紫米中富含的花青素所呈现出的天然颜色。具有抗氧化的作用和减缓肌肤与身体衰老的功效。味道简朴，与意大利风味的食材相得益彰。

· *ingredients* · 〔 材料 〕 1人份

· 杂粮米·······················50g
· 生火腿·······················20g
· 车达奶酪·····················25g
· 蔬菜嫩叶·····················40g
· 橄榄（黑色）··················5颗
· 面包棍·······················2根

· *dressing* ·
葡萄酒醋调味汁

· *how to cook* · 〔制作方法〕

❶ 生火腿切成适口的大小，车达奶酪切成边长1cm的块状。

❷ 蔬菜嫩叶与杂粮米放到容器中，加入黑橄榄、车达奶酪，混合。

❸ 食用前浇上调味汁，再将面包棍掰成适口的大小，摆盘。

· *memo* · 〔小贴士〕

面包棍口感稍硬，但意外地有利于消化。可添加到沙拉里，或是掰碎作为配料。即便饱腹时也可以当作零食吃，是居家常备的好食材。

因氧化作用，蔬菜的绿色会产生变化，建议烹调后立即食用。

西蓝花菠菜咖喱沙拉

咖喱风味的双倍绿色沙拉。菠菜中含有大量铁质，推荐给贫血的朋友食用。

小杂鱼则能补充钙的不足。

· *ingredients* ·　［材料］ 1人份

· 杂粮米⋯⋯⋯⋯⋯⋯⋯⋯⋯ 50g
· 沙拉菠菜⋯⋯⋯⋯⋯⋯⋯⋯ 20g
· 西蓝花⋯⋯⋯⋯⋯⋯⋯⋯⋯ 50g
· 金枪鱼（罐头）⋯⋯⋯ 70g（1罐）
· 小杂鱼⋯⋯⋯⋯⋯⋯⋯⋯⋯⋯适量
· 细叶芹⋯⋯⋯⋯⋯⋯⋯⋯⋯⋯适量

· *dressing* ·
柠檬调味汁+咖喱粉

· *how to cook* ·　［制作方法］

❶ 沙拉菠菜切成适口的大小。西蓝花分成小朵，水煮。金枪鱼滤汁备用。

❷ 杂粮米、金枪鱼、小杂鱼混合，与步骤❶的沙拉菠菜、西蓝花一起放入容器中。放上细叶芹装饰。

❸ 将2大匙柠檬调味汁和1/2小匙咖喱粉混合，浇在沙拉上。

· *memo* ·　沙拉菠菜基本不含带有涩味的草酸，生吃也可以。
［小贴士］ 水煮之后更容易补充水溶维生素C。

番薯鸡肉罗勒酱沙拉

罗勒酱与柠檬调味汁混合，食材细腻，味道清
爽。番薯与奶油奶酪口味较甜，是女孩偏爱的
一款沙拉。

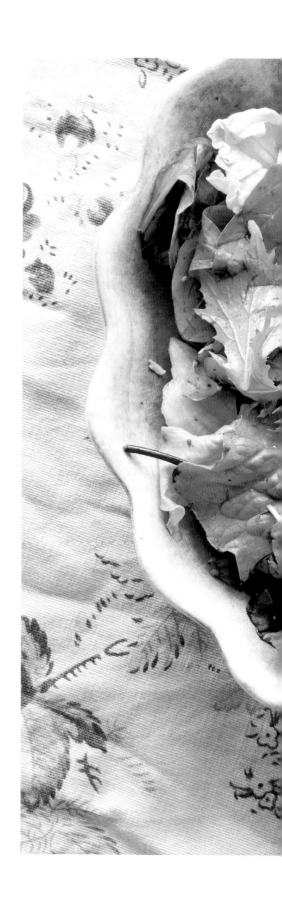

· *ingredients* · ［材料］ 1人份

- 杂粮米·······························50g
- 鸡胸肉·····························40g
- A ⎡ 清酒······························2大匙
    ⎣ 水·····························100mL
- 番薯································50g
- 奶油奶酪················15g（1块）
- 蔬菜嫩叶······················50g
- 球生菜·····························20g

· *dressing* ·
柠檬调味汁+罗勒酱

· *how to cook* · ［制作方法］

❶ 将鸡肉、A放入小锅中，用中火煮沸，调至小
   火煮5～6分钟，熟透后撕碎。

❷ 将2大匙柠檬调味汁与2小匙罗勒酱混合，放
   入步骤❶的食材搅拌均匀。

❸ 番薯切成边长1cm的方块，煮熟。奶油奶酪9
   等分切开。

❹ 将杂粮米、蔬菜嫩叶、球生菜、步骤❷和❸
   的食材混合，放入容器中。最后浇上1大匙柠
   檬调味汁。

· *memo* · ［小贴士］

番薯中含有大量的维生素C。淀粉起到保护维生素C的作
用，即使加热维生素C也不易流失。此外还具有美白功
效，有利于合成骨胶原，达到美肌的效果。

杂粮米

塔塔酱沙拉

制作塔塔酱的过程出乎意料地简单，可以提前制作，
代替调味汁使用。

也可以用腌藠头
代替酸黄瓜。

· *ingredients* · ［材料］1人份

· 杂粮米·····························50g
· 塔塔酱
　　酸黄瓜·························1根
　　黄瓜·····························30g
　　青椒·····························1/2个
　　煮鸡蛋·························1个
　　酸奶油·························1½大匙
· 紫叶生菜·······················50g

· *how to cook* · ［制作方法］

❶ 将酸黄瓜、黄瓜、青椒、煮鸡蛋切成5mm的碎块，与
酸奶油混合。

❷ 将步骤❶做好的塔塔酱与杂粮米混合。

❸ 紫叶生菜撕成适口的大小，铺在容器底部，盛放上步
骤❷的食材。

杂粮米

小番茄马苏里拉奶酪沙拉

番茄与马苏里拉奶酪搭配的基本款沙拉，选用小尺寸
食材，圆滚滚的形状让整盘沙拉更具特色。

西葫芦纵向切成薄片，
口感更佳。

· *ingredients* ·　〔材料〕1人份

· 杂粮米·····························50g
· 西葫芦·····························30g
· 紫叶生菜·····························50g
· 彩色小番茄·····························4颗
· 马苏里拉奶酪（迷你）··········4块
· 松子·····························1小匙

· *dressing* ·
葡萄酒醋调味汁

· *how to cook* ·　〔制作方法〕

❶　西葫芦纵向切成薄片，快煮。

❷　紫叶生菜、杂粮米盛到容器中，放入步骤❶的食材、
彩色小番茄、马苏里拉奶酪，然后点缀上烘烤过的松
子。

❸　浇上调味汁，搅拌均匀即可。

杂粮米

章鱼芦笋搭配柚子胡椒的风味沙拉

柚子胡椒余味无穷，散发浓郁的和风味道。

芦笋尖中富含抗
疲劳的成分。

· *ingredients* · ［材料］1人份

· 杂粮米……………………… 50g
· 京水菜……………………… 50g
· 绿芦笋……………………… 2根
· 洋葱………………………… 20g
· 章鱼……………………… 100g
· 鱼糕………………………… 60g

· *dressing* ·
柠檬调味汁+柚子胡椒

· *how to cook* · ［制作方法］

❶ 京水菜切成4cm的长段。绿芦笋水煮后切成3cm的长段。洋葱切成薄片，章鱼和鱼糕切成适口的大小。

❷ 将步骤❶的食材与杂粮米混合后盛到容器里。

❸ 将2大匙柠檬调味汁与少量的柚子胡椒混合，浇在沙拉上。

杂粮米

毛豆沙丁鱼沙拉

散发咖喱风味，是一款适合搭配啤酒与红酒的沙拉。

油浸沙丁鱼富含鱼油，有利于促进大脑的活动。

· *ingredients* ·　［材料］ 1人份

- 杂粮米……………………… 50g
- 毛豆（煮熟）……………… 20g
- 油浸沙丁鱼………………… 40g
- 蔬菜嫩叶…………………… 50g
- 松子………………………… 1小匙

· *dressing* ·
柠檬调味汁+咖喱粉

· *how to cook* ·　［制作方法］

❶ 从豆荚中取出毛豆粒。轻轻捣碎油浸沙丁鱼。

❷ 蔬菜嫩叶、杂粮米、油浸沙丁鱼依次放入容器中，加入毛豆和炒香的松子。

❸ 将2大匙柠檬调味汁与1/2小匙咖喱粉混合，浇在沙拉上。

原产于南美洲的藜麦，颜色除白色以外，还有黄色、红色和黑色。

藜麦

松软干酪与葡萄干搭配的沙拉

藜麦的嚼劲与奶酪的绵软，交汇出不可思议的口感。

最上层纯白色的配料，让沙拉看起来更美味。

· *ingredients* ·　［材料］ 1人份

· 藜麦························ 50g
· 洋葱························ 20g
· 萝卜苗······················ 1/2袋
· 蔬菜嫩叶···················· 50g
· 葡萄干······················ 20g
· 松软干酪···················· 20g

· *dressing* ·
葡萄酒醋调味汁

· *how to cook* ·　［制作方法］

❶ 洋葱切成薄片。萝卜苗去根，切两段。

❷ 将藜麦、蔬菜嫩叶、步骤❶的食材轻轻搅拌混合，盛到容器中，加入葡萄干、松软干酪等配料。

❸ 食用前浇上调味汁，拌匀。

· *memo* ·　松软干酪的使用方法多种多样。可以与盐渍的卷心菜搭配，用馄饨皮包好后油炸，味美独特。或者均匀抹在
［小贴士］　切片面包上，夹入水果，制作成水果三明治。

番薯卷心菜爽口沙拉

先用两种颜色的卷心菜制作凉拌卷心菜，然后加入番薯、蔬菜叶，就是一款色
泽鲜美的沙拉。帕尔玛干酪的成熟期较长，能起到提味的作用。

· *ingredients* ·　［**材料**］ 1人份

- 藜麦·······························50g
- 凉拌卷心菜······（适于制作的分量）
  - 紫甘蓝····························1/4个
  - 卷心菜····························1/4个
  - 洋葱·····························1/4个
  - 盐·······························1小匙
  - A ┌ 砂糖··························1¼大匙
  - │ 食用油（按个人喜好挑选）
  - │ ···························5大匙
  - │ 醋····························5大匙
  - └ 胡椒粉·························少许
- 番薯·····························40g
- 紫叶生菜··························30g
- 帕尔玛干酪························10g

· *how to cook* ·　［**制作方法**］

1 将两种卷心菜分别切成3mm宽的细丝。洋葱切成薄片，撒上一半盐，轻揉。

2 将洋葱、剩余的盐和A加入步骤**1**的卷心菜中，混合均匀。番薯切成适口的大小，煮透。

3 取50g步骤**2**的凉拌卷心菜与番薯、藜麦、紫叶生菜混合，盛到容器里。

4 用奶酪刨丝器将帕尔玛干酪擦成碎屑，撒在沙拉上。

· *memo* ·　紫甘蓝的紫色是因为富含花青素，花青素具有出色的抗氧化作用。紫甘蓝若浸泡在醋或柠檬等酸性溶液里，
［**小贴士**］　颜色会更加鲜艳。凉拌卷心菜还可以与土豆泥混合，放入烤箱中烘烤，同样美味。

洋葱放到冰箱里冷藏，
降温之后再切，
不易流眼泪。

藜麦

车达奶酪蘑菇沙拉

沙拉中富含大量钙元素，可强壮骨骼。
奶酪的切法不同，味道也有所差异。

蘑菇具有除口臭的功效。

· *ingredients* · ［材料］1人份

- 藜麦……………………………… 50g
- 京水菜…………………………… 20g
- 褐色双孢菇……………………… 3个
- 车达奶酪………………………… 15g
- 蔬菜嫩叶………………………… 50g
- 红胡椒（按个人喜好）………… 少许

· *dressing* ·
葡萄酒醋调味汁

· *how to cook* · ［制作方法］

❶ 京水菜切成4cm的长段。双孢菇纵向切成厚片，车达奶酪切薄片。

❷ 将步骤❶的京水菜与蔬菜嫩叶混合，盛到容器中，加入藜麦、双孢菇、车达奶酪等配料。

❸ 浇上调味汁，搅拌均匀即可。

可选用切片的水煮
甜菜罐头，简单方便。

藜麦

甜菜奶酪俄罗斯风味沙拉

甜菜含有大量钾，是罗宋汤中必不可少的食材。
还具有消肿的作用。

· *ingredients* · ［材料］1人份

・藜麦 ························· 50g
・西蓝花 ······················ 40g
・孔泰奶酪 ····················· 20g
・蔬菜嫩叶 ····················· 50g
・甜菜（水煮罐头）··············· 25g

· *dressing* ·
柠檬调味汁

· *how to cook* · ［制作方法］

❶ 西蓝花分成小朵，水煮至喜好的软硬度。孔泰奶酪切
　成1cm见方的小块。

❷ 将藜麦、蔬菜嫩叶、步骤❶的西蓝花混合后盛到容器
　里，加入甜菜和孔泰奶酪作装饰。

❸ 在四周浇上调味汁。

炸洋葱煎蛋沙拉

鸡蛋与藜麦中的蛋白质和南瓜中的维生素E，能起到保护身体黏膜、提高免疫力的作用。

· *ingredients* · ［材料］1人份

- 藜麦··························· 50g
- 芝麻菜························· 20g
- 南瓜·························· 50g
  盐、胡椒粉·················少许
  食用油（按个人喜好选择）
  ····························· 2大匙
- 紫叶生菜······················ 50g
- 鸡蛋·························· 1个
- 食用油（按个人喜好选择）··· 2小匙
- 炸洋葱························ 10g

· *how to cook* · ［制作方法］

❶ 芝麻菜切成4cm的长段。南瓜切成2～3mm厚的弧形，食用油倒入平底锅中，嫩煎南瓜，撒上盐、胡椒粉。

❷ 将藜麦、紫叶生菜、步骤❶的芝麻菜混合，盛到容器里，放上南瓜。

❸ 色拉油倒入平底锅中，用中火加热。鸡蛋煎至半熟，放到步骤❷的食材上，最后撒上炸洋葱。

松软干酪薄荷沙拉

薄荷与芹菜的清香，让人食欲大增。

红辣椒用削皮器削薄片，
更适合制作沙拉。

· *ingredients* · ［材料］1人份

· 藜麦……………………………… 50g
· 红辣椒…………………………… 50g
· 芹菜……………………………… 50g
· 蔬菜嫩叶………………………… 50g
· 松软干酪………………………… 20g
· 薄荷………………………………适量
· 葡萄干（按个人喜好选择）……适量

· *dressing* ·
柠檬调味汁

· *how to cook* · ［制作方法］

❶ 红辣椒纵向切两半，除去蒂与籽，用削皮器削薄片。
芹菜去筋，斜着切成薄片。

❷ 将藜麦、蔬菜嫩叶、步骤❶的食材混合均匀后盛到容器里，加入松软干酪与薄荷。

❸ 浇上调味汁，混合均匀。

柚子的酸味与富含的维生素C有助于消除疲劳。

柚子芹菜沙拉

柚子酸甜多汁，芹菜的口感清脆、味道微苦，两者相得益彰。

一款让人停不下来的美味。

· *ingredients* · ［材料］ 1人份

- 糙米·······························70g
- 芹菜·······························40g
- 柚子·······························60g
- 蔬菜嫩叶···························50g
- 薄荷·····························适量
- 蔓越莓干·························10g

· *dressing* ·
柠檬调味汁+酸奶油

· *how to cook* · ［制作方法］

❶ 芹菜去筋后斜着切成薄片。柚子去皮，从柚子瓣中取出果肉。

❷ 将蔬菜嫩叶、糙米、芹菜、柚子依次放入容器中，加入薄荷，撒上蔓越莓干。

❸ 将2大匙柠檬调味汁与2小匙酸奶油混合均匀，浇在沙拉上。

· *memo* ·
［小贴士］ 酸奶油的酸味与醇味可以让料理回味无穷，最适合用作俄式牛柳（Beef Stroganoff）等西餐炖菜的作料。用其制作面包或薄饼面糊，能让味道更醇厚。

红甜菜橄榄玫瑰色沙拉

玫红色的甜菜为餐桌增添几分华丽。

橄榄和奶酪适合搭配葡萄酒，一款在派对中让人眼前一亮的菜品。

· ingredients ·　［材料］1人份

- 糙米·······························70g
- 金枪鱼（罐头）··················30g
- 奶油奶酪····················· 15g（1块）
- 甜菜（水煮罐头）················30g
- 蔬菜嫩叶·························30g
- 黑橄榄····························5颗

· dressing ·
柠檬调味汁

· how to cook ·　［制作方法］

1 金枪鱼滤汁后捣碎。奶油奶酪9等分切开。

2 将糙米、甜菜、步骤**1**的金枪鱼混合均匀，盛到容器里。周围用蔬菜嫩叶点缀。

3 加入橄榄、奶油奶酪，浇上调味汁即可。

· memo ·　橄榄可按个人口味选择，黑橄榄或青橄榄都可以。青橄榄是新鲜的未成熟的果实，黑橄榄则是完全成熟的果
［小贴士］　实，特点是味道稳定。黑橄榄中含有较多的多酚，具有抗氧化和预防衰老的作用。

用蔬菜嫩叶装饰沙拉的四周，衬托出玫瑰色。

新鲜的豆苗
口感微苦、清脆爽口，
推荐使用。

糙米

豆苗核桃培根沙拉

香脆的培根与足量的核桃、面包干搭配，口感酥脆，齿间留香，
推荐在活力满满的早晨食用。

· *ingredients* · ［材料］ 1人份

· 糙米·······························70g
· 培根·······························20g
· 豆苗·······························30g
· 小萝卜·····························20g
· 紫叶生菜·················35g（2片）
· 面包干·····························适量
· 核桃·······························15g

· *dressing* ·
日式调味汁

· *how to cook* · ［制作方法］

❶ 培根切成1cm宽的小段，用平底锅翻炒至香脆。豆苗去根，切两段。小萝卜切成薄片。

❷ 紫叶生菜铺在容器底部，将豆苗、小萝卜、糙米混合，盛到容器里。然后加入步骤❶的培根、面包干、炒香的核桃装饰。

❸ 浇上调味汁即可。

· *memo* · 可用平日剩余的面包片制作面包干。将面包片切成1.5cm见方的小块，放入碗中，浇上橄榄油，混合均匀。
［小贴士］ 放入140℃的烤箱中，烘烤20分钟，完成。

糙米

芦笋蟹肉蛋黄酱沙拉

疲劳时，绿芦笋中的天冬氨酸能让你迅速恢复体力！

南瓜子中富含维生素E，有助于改善寒症和肩周炎。

· ingredients · ［材料］ 1人份

· 糙米·························· 50g
· 蟹肉棒塔塔酱
　　蟹肉棒······················ 3根
　　腌黄瓜······················ 1根
　　蛋黄酱····················· 1大匙
· 绿芦笋······················ 2根
· 蔬菜嫩叶·················· 50g
· 南瓜子····················· 适量

· how to cook · ［制作方法］

❶ 蟹肉棒撕成丝状，腌黄瓜切成碎块，与蛋黄酱混合。

❷ 绿芦笋水煮后，切成3cm的长段。

❸ 将蔬菜嫩叶铺在容器底部，依次盛入糙米、步骤❶的塔塔酱，最后加入步骤❷的绿芦笋和南瓜子作装饰。

毛豆红辣椒凉拌卷心菜沙拉

凉拌卷心菜中的醋具有抗菌的作用，适合当作常备菜。同时还有助于消化。

· *ingredients* · ［**材料**］ 1人份

- 糙米……………………………………… 70g
- 凉拌卷心菜……（适于制作的分量）
  卷心菜……………………………… 1/2个
  洋葱………………………………… 1/4个
  盐…………………………………… 1小匙

A
  ┌ 砂糖……………………………… 1½大匙
  │ 食用油（按个人喜好挑选）
  │ …………………………………… 5大匙
  │ 醋………………………………… 5大匙
  └ 胡椒粉……………………………… 少许
- 京水菜……………………………………… 20g
- 红辣椒……………………………………… 10g
- 毛豆（煮熟）……………………………… 15g
- 杏仁片…………………………………… 适量

· *how to cook* · ［**制作方法**］

❶ 卷心菜切成3mm宽的碎块，洋葱切成薄片，撒入一半的盐。

❷ 将洋葱、剩余的盐、A中食材加入步骤❶的卷心菜中，混合均匀。京水菜切成4cm的长段，红辣椒切成稍大的块状，从毛豆的豆荚中取出豆粒。

❸ 将糙米、120g步骤❷的凉拌卷心菜与京水菜放到容器里，最后加入红辣椒、毛豆、炒香的杏仁片作装饰。

苹果奶油奶酪沙拉

苹果的酸味搭配沙拉，口感出色！"一日一苹果，医生远离我"，
可见苹果的营养价值相当高，既有减肥作用，又具美容效果。

· *ingredients* · ［材料］1人份

- 大麦·················· 40g
- 小番茄················ 5颗
- 苹果·················· 75g
- 奶油奶酪··········· 15g（1块）
- 罗马生菜·············· 50g
- 炸洋葱················ 10g

· *dressing* ·
葡萄酒醋调味汁

· *memo* · 奶油奶酪易于搭配日式食材，在奶酪中享有超高的人气。还可以将腌渍的烟熏萝卜切片，放在奶酪上，或是
［小贴士］ 与干松鱼片混合，制作成美味的下酒菜。

· *how to cook* · ［制作方法］

❶ 小番茄去蒂，纵向切两半。苹果去皮后取出核，切成3mm厚的银杏叶片状。奶油奶酪9等分切开。

❷ 将大麦与撕成适口大小的罗马生菜混合，盛到容器里，加入步骤❶的食材与炸洋葱。

❸ 浇上调味汁即可。

罗马生菜，别名直立生菜，
叶片厚，适合制作凯撒沙拉。

用鱼露和甜辣酱调制出的民族风沙拉。

腌泡豆腐胡萝卜彩丝沙拉

胡萝卜用削皮器削成丝带一样的细长状，制作出橙色的彩丝沙拉。
每日只需食用1/2根胡萝卜，就可以补充身体所需的β-胡萝卜素。

· *ingredients* · ［材料］1人份

· 大麦	40g
· 豆腐	1/2块
A 鱼露	20mL
柠檬汁	25mL
辣椒酱	1大匙
· 胡萝卜	20g
· 萝卜苗	1/2袋
· 球生菜	40g
· 白芝麻	适量

· *dressing* ·
甜辣酱

· *how to cook* · ［制作方法］

❶ 豆腐滤干水分，浸入A中腌泡。橄榄油倒入平底锅中，用中火加热。豆腐放入锅中煎至两面金黄，然后切成适口的大小。胡萝卜用削皮器纵向削薄片，萝卜苗去根。

❷ 将步骤❶的食材与撕成适口大小的球生菜混合，盛到容器里。

❸ 加入大麦与白芝麻，浇上适量的甜辣酱。

· *memo* · 鱼露是用盐渍小鱼发酵而成的调味汁，富含美味成分——谷氨酸，加在炒面、炒饭、味噌汁中，能增添
［小贴士］ 美味。

杜果热带沙拉

番茄与杜果中的维生素，能让身心焕然一新！

选用彩色番茄，
提升沙拉的品相！

· *ingredients* · ［材料］1人份

· 大麦⋯⋯⋯⋯⋯⋯⋯⋯⋯⋯⋯ 40g
· 杜果干⋯⋯⋯⋯⋯⋯⋯ 10g（2块）
┌ 醋⋯⋯⋯⋯⋯⋯⋯⋯⋯⋯⋯ 1大匙
A │ 水⋯⋯⋯⋯⋯⋯⋯⋯⋯⋯ 1½大匙
└ 蜂蜜⋯⋯⋯⋯⋯⋯⋯⋯⋯⋯少许
· 蔬菜嫩叶⋯⋯⋯⋯⋯⋯⋯⋯⋯ 50g
· 彩色小番茄⋯⋯⋯⋯⋯⋯⋯⋯ 5颗
· 孔泰奶酪⋯⋯⋯⋯⋯⋯⋯⋯⋯ 1大匙

· *dressing* ·
柠檬调味汁

· *how to cook* · ［制作方法］

❶ 杜果干切成薄片，放入A中浸泡。

❷ 将大麦、蔬菜嫩叶、彩色小番茄、步骤❶的食材混
合，盛到容器中。

❸ 孔泰奶酪撒在沙拉上，再浇入调味汁。

山药豆腐白色沙拉

· *ingredients* · ［材料］ 1人份

- 大麦·························· 40g
- 豆腐·························· 1/2块
- 山药·························· 70g
- 秋葵····················· 20g（2根）
- 京水菜······················· 40g
- 白芝麻（按个人喜好选择）······适量

· *how to cook* · ［制作方法］

❶ 豆腐滤干水分，切成适口的大小。山药切成4cm的长段，秋葵用水煮过后，切成2～3mm宽的小片。

❷ 将大麦、切成4cm长的京水菜、步骤❶的食材混合，盛到容器里，再按个人喜好加入白芝麻。

❸ 在2大匙酱油中挤入少许酸橙汁，浇入沙拉中即可。

生火腿鸡蛋沙拉

· *ingredients* · ［材料］ 1人份

- 大麦·························· 40g
- 京水菜······················· 40g
- 豆苗·························· 30g
- 生火腿························ 15g
- 煮鸡蛋························ 1个
- 核桃·························· 10g

· *how to cook* · ［制作方法］

❶ 京水菜切成4cm的长段。豆苗去根后切两段。生火腿、煮鸡蛋切成适口的大小。

❷ 将步骤❶的食材与大麦混合，炒香的核桃切碎后加入其中。

❸ 将2大匙柠檬调味汁与1½小匙罗勒酱混合，浇在沙拉上。

山药京水菜脆爽沙拉

山药与京水菜中富含的钾能排出体内多余的盐分，
起到消肿的作用。

京水菜看起来清淡，
实际却含有大量的
维生素与多酚。

· ingredients · ［材料］ 1人份

- 大麦 ······················· 40g
- 京水菜 ······················· 40g
- 山药 ························· 70g
- 贝类（罐头）··········· 70g（1罐）
- 柴鱼片 ·······················适量

· how to cook · ［制作方法］

❶ 京水菜切成4cm的长段，山药切成3cm长的细丝。

❷ 将步骤❶的食材与大麦、滤汁的贝类混合，盛到容器
里，撒上柴鱼片。

❸ 将2大匙日式调味汁与少许柠檬汁混合，浇在沙拉上。

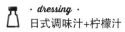

· dressing ·
日式调味汁+柠檬汁

也可以将鸭儿芹换成香菜!

大麦

泰式大虾粉丝沙拉

甜辣酱让粉丝的味道得到提升，喜欢东南亚特色料理
的朋友一定不要错过这款沙拉。

· *ingredients* · ［材料］1人份

· 大麦·····························40g
· 黄瓜····························1/2根
· 鸭儿芹·························30g
· 粉丝（泡发）·················50g
· 蔬菜嫩叶·····················50g
· 虾（煮熟）·················70g

· *dressing* ·
甜辣酱+柠檬汁

· *how to cook* · ［制作方法］

❶ 黄瓜切成1cm见方的小块。鸭儿芹切成4cm的长段，粉
丝切成适口的长度。

❷ 将步骤❶的黄瓜与粉丝、大麦、蔬菜嫩叶混合，盛到
容器里，加入虾和鸭儿芹作装饰。

❸ 浇上适量的甜辣酱，柠檬6等分切成梳子形，取1块放在沙
拉上，食用前挤出柠檬汁即可。

大麦

盐海带小白鱼干日式沙拉

盐海带与小白鱼干搭配，回味无穷。

这款沙拉拥有永远吃不腻的味道。

关键在于将所有材料混合，放置一段时间后更入味。

· *ingredients* · ［材料］1人份

· 大麦·························· 40g
· 京水菜····················· 50g
· 黄瓜······················ 1/2根
· 紫洋葱····················· 35g
· 盐海带······················ 5g
· 小白鱼干···················适量

· *how to cook* · ［制作方法］

❶ 京水菜切成4cm的长段，黄瓜切成圆片，紫洋葱切成薄片。

❷ 将步骤❶的食材与大麦、盐海带、小白鱼干混合均匀。

❸ 放置一段时间，入味后再盛到容器里，直接食用即可。

(3)

SUPER FOOD
& AVOCADO
超级食物&牛油果

所谓超级食物，不仅是指含有维生素、矿物质的食物，
一些食物富含功能性成分，比如具有出色抗氧化作用的多酚，
也可以称其为超级食物。
本章将为大家介绍有关椰子、奇亚籽、蔬菜新芽的食谱，
另外，还有颇受大家喜欢的牛油果食谱。

西葫芦椰子夏威夷沙拉

藜麦松脆的口感与椰丝沙沙的口感，

在口中交汇出一首愉悦的奏鸣曲。

藜麦与椰子搭配出超级食物的效果，营养满分！

· *ingredients* ·　［材料］ 1人份

- 椰丝……………………………适量
- 西葫芦………………………… 35g
- 橄榄油………………………… 1大匙
- 豆苗…………………………… 20g
- 番茄…………………………… 70g
- 藜麦…………………………… 50g
- 蔬菜嫩叶……………………… 50g

· *dressing* ·
柠檬调味汁

· *how to cook* ·　［制作方法］

❶ 西葫芦切成3mm厚的半月形。橄榄油倒入平底锅中，用中火加热，翻炒西葫芦。

❷ 豆苗去根后切两段。番茄切成适口的大小。

❸ 将藜麦、蔬菜嫩叶、步骤❶和❷的食材混合，盛到容器里。

❹ 加入炒香的椰丝作装饰，最后浇上调味汁。

· *memo* ·　做甜点常会使用椰丝，椰子的果肉经过干燥处理即可制成椰丝。干炒过的椰丝香味会更加浓郁，可以放入酸
［小贴士］　奶中，每天吃一点。

西葫芦中含有β-胡萝卜素，
用油翻炒后，可提高吸收率！

柠檬皮具有提高维生素C吸收率的功效。

椰子

椰子风味金枪鱼沙拉

椰丝的清香能让基本款金枪鱼沙拉变得热带风十足，
由此发掘出椰子的全新魅力。

· *ingredients* · ［**材料**］ 1人份

- 椰丝·······················10g
- 黄瓜·······················20g
- 紫洋葱·······················15g
- 生姜·······················少许
- 绿叶菜·······················50g
- 大麦·······················40g
- 金枪鱼（罐头）···············30g
- 柠檬皮·······················少许

· *dressing* ·
法式调味汁

· *how to cook* · ［**制作方法**］

❶ 黄瓜切成5mm见方的小块，紫洋葱切碎，生姜切成细丝。

❷ 在容器底部铺上绿叶菜，将步骤❶的食材与大麦、滤汁后的金枪鱼、椰丝混合均匀，盛到容器里。

❸ 撒上切成细丝的柠檬皮作装饰，浇上调味汁。

· *memo* ·　椰子油在25℃以下呈白色固态，温度较低时才有加热的必要。而干燥的椰丝则不受温度限制，任何做法都适
［**小贴士**］　用。

椰子

豆腐牛油果日式时尚沙拉

牛油果与椰子油中富含维生素E，有促进新陈代谢，
维持肌肤水润与弹力的作用！

煎豆腐前先滤干
水分是关键！

· *ingredients* ·　[材料] 1人份

- 椰子油⋯⋯⋯⋯⋯⋯⋯⋯⋯ 1大匙
- 豆腐⋯⋯⋯⋯⋯⋯⋯⋯⋯ 1/2块
- 豆苗⋯⋯⋯⋯⋯⋯⋯⋯⋯ 20g
- 牛油果⋯⋯⋯⋯⋯⋯⋯⋯ 1/2个
- 黄瓜⋯⋯⋯⋯⋯⋯⋯⋯⋯ 30g
- 杂粮米⋯⋯⋯⋯⋯⋯⋯⋯ 40g
- 球生菜⋯⋯⋯⋯⋯⋯⋯⋯ 30g

· *dressing* ·
日式调味汁

· *how to cook* ·　[制作方法]

❶ 豆腐切成1cm厚的方块，滤干水分。椰子油倒入平底
锅中，用中火加热，将豆腐两面煎至焦黄色。

❷ 豆苗去根后切两段。牛油果切成2cm见方的小块，黄
瓜切成1cm见方的小块。

❸ 将步骤❶与❷的食材、杂粮米、撕成适口大小的球生
菜放到容器中，浇上调味汁。

菜花天贝美味沙拉

天贝是煮豆经过发酵之后制作而成的健康食品，
有饱腹的效果，非常适合减肥时食用。

菜花可分成小朵，生吃也很美味！

· *ingredients* ·　［材料］1人份

· 椰子油 …………………………… 2大匙
· 天贝 ……………………………… 50g
· 菜花 ……………………………… 60g
· 京水菜 …………………………… 40g
· 西蓝花嫩芽 ……………………… 20g
· 糙米 ……………………………… 20g
· 罗马生菜 ………………………… 2片

· *dressing* ·
柠檬调味汁+辣椒酱

· *how to cook* ·　［制作方法］

❶ 天贝切成2cm见方的小块。椰子油倒入平底锅中，用
中火加热，将天贝煎至两面金黄。

❷ 菜花分成小朵，水煮。京水菜切成4cm的长段。西蓝
花嫩芽去根。

❸ 将步骤❶与❷的食材、糙米、撕成小片的罗马生菜盛到
容器中。

❹ 将2大匙柠檬汁与1小匙辣椒酱混合均匀，浇在沙拉上。

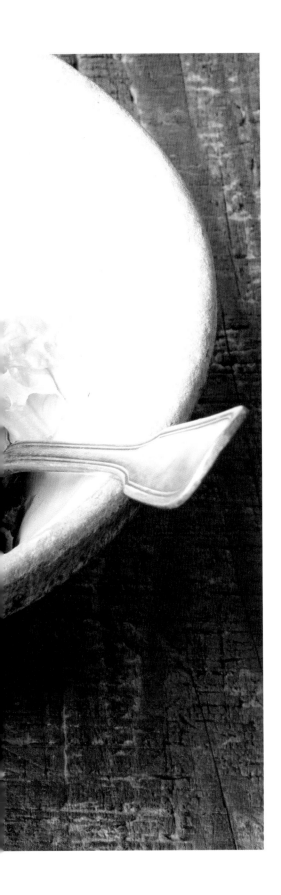

豆芽鸡肉辣白菜日式沙拉

辣白菜是减肥的得力助手！
辣椒能提高体温、促进新陈代谢，
起到燃烧脂肪的作用。

· *ingredients* · ［**材料**］ 1人份

- 西蓝花新芽······················· 10g
- 豆芽······························· 10g
- 鸡胸肉（蒸熟）··················· 80g
- 辣白菜····························· 50g
- 紫叶生菜··························· 50g
- 糙米······························· 70g
- 杏仁片····························适量

· *how to cook* · ［**制作方法**］

❶ 豆芽迅速焯水，控干水分。鸡胸肉撕碎。辣白菜切成大块，与豆芽、鸡胸肉混合。

❷ 将紫叶生菜铺在容器底部，步骤❶的食材与糙米混合，盛到容器里。其上放入西蓝花新芽，撒入炒香的杏仁片。

❸ 整体混合均匀即可。

· *memo* · ［**小贴士**］

西蓝花新芽具有解毒与去除活性氧的作用，可以减缓身体衰老，预防生活方式病。有效利用蔬菜中的有益成分，能让生活更轻松自在。

蔬菜新芽

番茄干西蓝花新芽沙拉

番茄、藜麦、西蓝花新芽具有三重抗氧化作用，
能有效清除身体垃圾！

如松子有剩余，
需密封后冷藏保存，
防止其氧化。

· ingredients · ［材料］1人份

- 西蓝花新芽·······················10g
- 京水菜·····························40g
- 香菜·······························10g
- 番茄干·····························3颗
- 藜麦·······························50g
- 紫叶生菜···························50g
- 松子·······························适量

· dressing ·
柠檬调味汁

· how to cook · ［制作方法］

❶ 京水菜与香菜切成4cm的长段，番茄干切细丝。

❷ 将藜麦、西蓝花新芽、紫叶生菜、步骤❶混合，盛到容器中。

❸ 撒上炒香的松子，最后浇上调味汁。

西蓝花新芽温泉蛋沙拉

· *ingredients* · ［材料］ 1人份

- 西蓝花新芽·························· 5g
- 京水菜······························ 50g
- 洋葱······························ 20g
- 裙带菜（泡发）····················· 15g
- 大麦······························ 40g
- 温泉蛋···························· 1个

· *how to cook* · ［制作方法］

❶ 京水菜的切成4cm的长段。洋葱切成薄片，裙带菜切成适口的大小。

❷ 将步骤❶的食材与大麦混合，盛到容器里，依次加入西蓝花新芽、温泉蛋。

❸ 食用前浇上日式调味汁即可。

阳荷紫苏嫩香沙拉

· *ingredients* · ［材料］ 1人份

- 紫甘蓝新芽························· 1袋
- 阳荷······························ 1个
- 绿紫苏···························· 2片
- 大麦······························ 40g
- 球生菜···························· 50g
- 枸杞······························适量

· *how to cook* · ［制作方法］

❶ 紫甘蓝新芽去根。阳荷、绿紫苏切丝。

❷ 将大麦、撕成适口大小的球生菜、步骤❶的阳荷与绿紫苏混合，盛到容器里，加入紫甘蓝新芽、枸杞作装饰。

❸ 在沙拉四周浇上日式调味汁即可。

秋葵、纳豆还可以用大片的球生菜包住后食用。

奇亚籽

奇亚籽秋葵纳豆日式沙拉

萝卜泥中所含的消化酶能促进胃肠蠕动，而秋葵与纳豆中的黏性成分又起到保护胃肠黏膜的作用。胃肠不适时，可尝试食用此款沙拉。

· *ingredients* · ［材料］ 1人份

· 奇亚籽……………………… 1小匙
· 秋葵………………………… 3根
· 纳豆………………………… 1袋
· 蔬菜嫩叶…………………… 20g
· 球生菜……………………… 20g
· 萝卜………………………… 100g

· *dressing* ·
日式调味汁

· *how to cook* · ［制作方法］

❶ 秋葵水煮后切成2～3mm宽的小片，与纳豆混合。

❷ 将蔬菜嫩叶、球生菜放到容器里，加入步骤❶的食材、磨成泥的萝卜和奇亚籽。

❸ 将调味汁浇在沙拉四周即可。

· *memo* ·
［小贴士］
口感黏稠的食材中含有丰富的黏蛋白，可保护胃肠黏膜。同时还具有滋养补气的效果，推荐身体疲劳时食用。切碎食材让黏液流出，效果更佳。

奇亚籽

奇亚籽双孢菇香脆培根沙拉

香煎双孢菇能完全释放出蘑菇的美味。

萝卜苗的辛辣口感
起到提味的作用。

· ingredients · ［材料］1人份

· 奇亚籽·························· 1小匙
· 培根····························· 20g
· 双孢菇（白色）················· 3个
· 食用油（按个人喜好挑选）··· 1大匙
· 蔬菜嫩叶························ 50g
· 萝卜苗···························· 5g
· 大麦····························· 40g

· how to cook · ［制作方法］

❶ 培根切成1cm宽的小段，用平底锅翻炒。双孢菇切成薄片，放入热好食用油的平底锅中，用中火翻炒。

❷ 将蔬菜嫩叶、去根的萝卜苗混合，盛到容器中。

❸ 加入步骤❶的食材、大麦、奇亚籽作装饰，最后浇上调味汁即可。

· dressing ·
日式调味汁

奇亚籽炸豆腐松脆沙拉

· *ingredients* · ［**材料**］ 1人份

- 奇亚籽·········· 2小匙
- 京水菜·········· 40g
- 小松菜·········· 40g
- 洋葱·········· 15g
- 杂粮米·········· 50g
- 炸豆腐·········· 1/2块
- 油浸沙丁鱼·········· 2条

· *how to cook* · ［**制作方法**］

❶ 京水菜切成4cm的长段。小松菜迅速焯水后切成4cm的长段。洋葱切成薄片。

❷ 将步骤❶的食材与杂粮米混合，盛到容器里。炸豆腐放到平底锅里，两面煎至酥脆，然后切成适口的大小，放到沙拉里。加入油浸沙丁鱼与奇亚籽作装饰。

❸ 将1大匙日式调味汁与2小匙芝麻油混合均匀，浇在沙拉上。

腌泡烟熏三文鱼萝卜奇亚籽沙拉

· *ingredients* · ［**材料**］ 1人份

- 奇亚籽·········· 1小匙
- 烟熏三文鱼·········· 2片
- 萝卜（切成薄圆片）·········· 8片
- 球生菜·········· 40g
- 蔬菜嫩叶·········· 10g
- 大麦·········· 15g
- 刺山柑·········· 少许

· *how to cook* · ［**制作方法**］

❶ 烟熏三文鱼一分为二，用2片萝卜夹住1片三文鱼。

❷ 将2大匙柠檬调味汁与1小匙芥末混合，倒入步骤❶的食材中腌泡。

❸ 将球生菜与蔬菜嫩叶铺在容器底部，盛上步骤❷的食材，加入大麦、刺山柑、奇亚籽作装饰。

奇亚籽

干果奇亚籽酸奶沙拉

干果可谓是食物纤维与矿物质的宝库。
多种搭配组合，享受不同的美味。

奇亚籽与酸奶混合后
呈啫喱状。

· *ingredients* · ［材料］ 1人份

· 奇亚籽……………………… 1小匙
· 格兰诺拉麦片………………… 30g
· 酸奶…………………………… 100g
· 干果（按个人喜好选择）…… 1大匙
· 核桃…………………………………适量

· *how to cook* · ［制作方法］

❶ 依次将格兰诺拉麦片、酸奶、干果、炒香的核桃放入
容器中。

❷ 撒上奇亚籽。

❸ 食用前整体搅拌均匀。

切开牛油果后需立刻浇上柠檬汁，防止氧化。

牛油果

腌金枪鱼牛油果沙拉

牛油果中富含维生素E!
多吃牛油果有助于抗衰老。

· *ingredients* · ［材料］1人份

· 牛油果·························· 1/2个
· 金枪鱼·························· 50g
· 酱油·························· 1大匙
· 京水菜·························· 30g
· 烤海苔·························· 1片
· 白芝麻··························适量

 · *dressing* ·
日式调味汁

· *how to cook* · ［制作方法］

❶ 金枪鱼与酱油混合。京水菜切成5cm的长段，牛油果切成2cm见方的小块。

❷ 将步骤❶的食材盛到容器中，放入撕碎的烤海苔，撒上白芝麻。

❸ 浇上调味汁，搅拌均匀即可。

牛油果洋葱墨西哥沙拉

墨西哥料理中不可或缺的玉米片，伴随清脆的声音在齿间碰撞出美味。
用塔巴斯科辣椒酱制成的萨尔萨酱是决定味道的关键！

· *ingredients* · ［材料］1人份

- 牛油果……………………………… 1/2个
- 鸡胸肉……………………………… 25g
- A ⎡ 清酒……………………………… 2大匙
  ⎣ 水………………………………… 100mL
- 京水菜……………………………… 30g
- 紫洋葱……………………………… 20g
- 小番茄……………………………… 3颗
- 藜麦………………………………… 50g
- 球生菜……………………………… 40g
- 墨西哥玉米片（薄片）…………适量

· *dressing* ·
萨尔萨酱

· *how to cook* · ［制作方法］

❶ 将鸡肉、A中食材倒入小锅中，用中火加热。煮沸后调至小火，焖5～6分钟，直至鸡肉熟透。

❷ 京水菜切成4cm的长段。牛油果切成大约3mm厚的片状。紫洋葱切薄片，小番茄4等分切开。

❸ 藜麦、撕碎的球生菜与步骤❶、❷的食材混合，盛到容器中。

❹ 将墨西哥玉米片掰碎，放到步骤❸的食材上，最后浇上50mL萨尔萨酱。

· *memo* · 　萨尔萨酱的制作方法：将2个番茄切成1cm见方的小块，少许紫洋葱切碎。在其中加入1小匙醋、2小匙柠檬
［小贴士］ 汁、1大匙食用油，再加入少许塔巴斯科辣椒酱和香菜，搅拌均匀。

鸡胸肉中富含的咪唑二肽具有抗疲劳效果，广受关注。

牛油果

牛油果蓝纹奶酪沙拉

口感绵密的牛油果和蓝纹奶酪，与大麦、蔬菜均匀混合，就是这款极具特色且让人回味无穷的沙拉。配上喜欢的红酒，尽情享受食物的完美口感吧。

· *ingredients* · ［材料］ 1人份

· 牛油果…………………………… 1/2个
· 培根……………………………… 20g
· 大麦……………………………… 40g
· 罗马生菜………………………… 50g
· 西蓝花新芽……………………… 25g
· 玉米粒（罐头）………………… 25g
· 蓝纹奶酪………………………… 10g

· *how to cook* · ［制作方法］

❶ 培根切成1cm宽的小段，放到平底锅中，翻炒至香脆。牛油果切成适口的大小。

❷ 将大麦、罗马生菜、西蓝花新芽、培根、步骤❶的牛油果混合，盛到容器里。

❸ 将培根与切成适口大小的蓝纹奶酪放到沙拉上，食用前搅拌均匀即可。

· *memo* · ［小贴士］

成熟至长出青霉菌的蓝纹奶酪，具有独特的香气和醇厚的成熟味道。与意大利面或烩饭搭配时，别具风味。另外还可以蘸食蜂蜜，瞬间变成美味下酒菜。

牛油果

牛油果番茄杏仁风味沙拉

牛油果被称为"森林里的黄油"，富含不饱和脂肪酸，多吃有利于血管健康。

牛油果中的脂肪有助于提升番茄中营养成分——番茄红素的吸收率！

· *ingredients* · ［材料］1人份

· 牛油果·························· 1/2个
· 芝麻菜·························· 25g
· 大麦·························· 40g
· 蔬菜嫩叶·························· 50g
· 番茄·············· 80g（1/2个）
· 杏仁片··························适量

· *how to cook* · ［制作方法］

❶ 芝麻菜切成4cm的长段，牛油果切成1cm见方的小块。

❷ 将大麦、蔬菜嫩叶、步骤❶的食材混合，盛到容器中，摆放上切成梳子形的番茄。

❸ 杏仁片炒香后撒在沙拉上，最后浇上调味汁。

 · *dressing* ·
葡萄酒醋调味汁

④

BEANS
醇香豆类

毋庸置疑，豆类有利于身体健康。

豆类给人的印象多是用于日式料理中，其实搭配沙拉也不错哦。

先从常见的豆类开始，比如鹰嘴豆、扁豆等。

本章将为大家介绍一些常见的豆类沙拉食谱。

鹰嘴豆泥是非常受欢迎的减肥食品。

豆类

西蓝花番茄鹰嘴豆泥沙拉

鹰嘴豆泥指的是调味的泥状鹰嘴豆，是中东的传统料理。

芝麻酱非常适合亚洲人的口味！

加入白味噌会让味道更醇厚。

· *ingredients* · ［材料］1人份

· 鹰嘴豆（煮熟）·················· 50g
· 鹰嘴豆泥········（适于制作的分量）

A
｜ 鹰嘴豆（煮熟）·············· 100g
｜ 芝麻酱···························· 1大匙
｜ 白味噌···························· 1小匙
｜ 橄榄油···························· 1大匙
｜ 柠檬汁···························· 1大匙
｜ 盐、胡椒粉·····················各少许

· 番茄····································· 1/2个
· 西蓝花································· 50g
· 毛豆（煮熟）····················· 20g
· 球生菜································· 20g
· 杏仁片································· 适量

· *how to cook* · ［制作方法］

❶ 将A的所有食材放入料理机中，打成泥状。

❷ 番茄切成1cm见方的小块，西蓝花分成小朵。从毛豆的豆荚中取出豆粒。

❸ 将鹰嘴豆与30g步骤❶的鹰嘴豆泥、步骤❷的食材及撕碎的球生菜放到容器中，注意摆盘均匀。最后撒上炒香的杏仁片，搅拌均匀即可。

· *memo* · 鹰嘴豆富含异黄酮与钙，有助于平衡女性的激素，强化骨骼。可将干燥的鹰嘴豆煮熟，分装成小袋，冷冻保
［小贴士］ 存，方便食用。

紫洋葱芹菜加州梅沙拉

加州梅被誉为"矿物质水果",富含钾。身体
或面部浮肿时,可有意识地多食用加州梅。

· *ingredients* · ［材料］ 1人份

· 鹰嘴豆（煮熟）……………………… 50g
· 紫洋葱………………………………… 20g
· 芹菜…………………………………… 30g
· 培根…………………………………… 10g
· 蔬菜嫩叶……………………………… 40g
· 加州梅干……………………………… 40g

· *dressing* ·
柠檬调味汁

· *how to cook* · ［制作方法］

❶ 紫洋葱切成薄片,芹菜去筋后斜着切成薄片。
培根切成1cm宽的小段,放入平底锅中,翻炒
至香脆。

❷ 将鹰嘴豆、蔬菜嫩叶混合后盛入容器中,加入
步骤❶的食材与切碎的加州梅干作装饰。

❸ 浇上调味汁,搅拌均匀即可。

· *memo* · ［小贴士］

加州梅富含具有出色抗氧化功能的绿原酸,因此颇受大众
的喜爱。常用于搭配鸡肉、猪肉炖煮的料理。另外,还广
泛用于制作果酱和蜜饯。

孔泰奶酪调味豆渣沙拉

调味豆渣中的食物纤维是牛蒡的2倍，长期食用有利
于胃肠健康。

· *ingredients* · ［材料］ 1人份

- 鹰嘴豆（煮熟）·······················50g
- 调味豆渣·········（适于制作的分量）
　　豆腐渣·····························80g
　　┌高汤·····························80mL
　　│味醂·······················少于1大匙
　A│砂糖·····························1/2大匙
　　└酱油·····························1/2小匙
- 盐、胡椒粉·······················各少许
- 黄瓜·································30g
- 蛋黄酱·······························20g
- 球生菜·······························40g
- 蔬菜嫩叶·····························20g
- 孔泰奶酪·····························10g
- 蔓越莓干·····························10g

· *how to cook* · ［制作方法］

❶ 豆腐渣倒入平底锅中，轻轻翻炒后加入A调味，搅拌均
　匀，冷却。

❷ 在步骤❶里撒入盐、胡椒粉，黄瓜用切片机切成圆形
　薄片，加入其中。然后拌入蛋黄酱。

❸ 球生菜、蔬菜嫩叶铺在容器底部，将步骤❷的食材与
　鹰嘴豆混合后盛到容器里。

❹ 加入切成7mm见方的小块状孔泰奶酪、蔓越莓干作装
　饰。

大豆咖喱沙拉

用大家都喜爱的咖喱粉为炒大豆调味，香辣的口感让
人食欲大增。

青椒切成环状
更可爱！

· *ingredients* ·　［材料］1人份

· 大豆（煮熟）······················· 30g
· 食用油（按个人喜好选择）··· 1大匙
· 咖喱粉···································适量
· 京水菜······························· 40g
· 青椒····································· 1/3个
· 小番茄································· 3颗
· 蔬菜嫩叶···························· 20g
· 杂粮米································· 40g

· *dressing* ·
葡萄酒醋调味汁

· *how to cook* ·　［制作方法］

❶ 食用油倒入平底锅中，用中火加热，翻炒大豆。然后
按个人口味加入适量的咖喱粉，搅拌均匀。

❷ 京水菜切成4cm的长段，青椒切成环形薄片。小番茄
切成5mm厚的圆片。

❸ 将步骤❷的京水菜、嫩叶蔬菜和杂粮米混合，盛到容
器里，加入步骤❶的食材、青椒和番茄作装饰。

❹ 食用前浇上调味汁。

小扁豆帕尔玛干酪沙拉

小扁豆富含B族维生素、矿物质及抗氧化成分，
能有效预防感冒，并具有美肌的作用。

· *ingredients* · ［**材料**］ 1人份

· 小扁豆（煮熟）……………… 20g
· 芝麻菜……………………… 40g
· 杂粮米……………………… 40g
· 球生菜……………………… 30g
· 帕尔玛干酪………………… 10g

· *dressing* ·
葡萄汁调味汁

· *how to cook* · ［**制作方法**］

❶ 芝麻菜切成4cm的长段。

❷ 将步骤❶的芝麻菜、杂粮米、撕碎的球生菜、小扁豆盛到容器里，撒入用切片机切成薄片的帕尔玛干酪。

❸ 浇上调味汁即可。

· *memo* ·　很久以前，在欧洲与中东地区，小扁豆就常用于煮汤和制作沙拉，是颇受大众喜爱的食材。因其豆粒小、泡
［**小贴士**］　发时间短、营养价值高，而被用在多种料理中。

帕尔玛干酪中的美味成分
绝不亚于海带！

小扁豆橄榄罗勒沙拉

· *ingredients* · 〔材料〕 1人份

· 小扁豆（煮熟）····················· 20g
· 京水菜····························· 40g
· 黄瓜······························· 20g
· 糙米······························· 40g
· 紫叶生菜··························· 2片
· 橄榄（绿色）······················· 2颗
· 罗勒叶····························· 适量
· 荷兰芹····························· 少许

· *how to cook* · 〔制作方法〕

❶ 京水菜切成4cm的长段，黄瓜切成圆形薄片。

❷ 将步骤❶的食材与扁豆、糙米、撕碎的紫叶生菜混合后盛到容器中，再加入对半切开的橄榄、撕碎的罗勒叶、切碎的荷兰芹作装饰。

❸ 浇上柠檬调味汁，搅拌均匀。

双色彩椒小扁豆沙拉

· *ingredients* · 〔材料〕 1人份

· 小扁豆（煮熟）····················· 30g
· 彩椒（黄色、橙色）·········· 各1/2个
· 大蒜······························· 1/2瓣
· 凤尾鱼····························· 2块
· 百里香····························· 1枝
· 橄榄油····························· 5大匙
· 蔬菜嫩叶··························· 50g
· 糙米······························· 70g
· 杏仁片····························· 适量

· *how to cook* · 〔制作方法〕

❶ 彩椒用烤架烘烤至表皮略焦，去皮后切成1cm宽的细丝。然后用切碎的大蒜、切成大块的凤尾鱼、百里香、橄榄油腌制。

❷ 蔬菜嫩叶放到容器里，糙米与扁豆混合后加入其中。将步骤❶的食材稍稍滤油，与炒香的杏仁片一起作装饰。

❸ 食用前搅拌均匀。

SALAD BOWL RECIPE

FROM NEW YORK STYLE

STAUB
暖心沙拉锅

珐琅铸铁锅兼具功能性与时尚的外形，非常实用。

本章会向大家介绍几款适合寒冬食用的沙拉锅。

只需加热就能做出让客人惊叹的整锅蔬菜沙拉！

直接将锅放到桌上就能美美地享用啦！

法式炖菜与大麦搭配，十分美味哦！

麦香法式炖菜热沙拉

作为法国南部的一种蔬菜料理，法式炖菜至今也是菜单上的人气佳肴。

只用盐调味，还原蔬菜原本的味道。

用锅盛装沙拉，让餐桌充满法国街边小餐馆的格调。

· *ingredients* · ［材料］ 1人份

- 法式炖菜⋯⋯⋯⋯（适于制作的分量）
  洋葱⋯⋯⋯⋯⋯⋯⋯⋯⋯ 1/2个
  茄子⋯⋯⋯⋯⋯⋯⋯⋯⋯⋯ 3个
  西葫芦⋯⋯⋯⋯⋯⋯⋯⋯⋯ 1个
  芹菜⋯⋯⋯⋯⋯⋯⋯⋯⋯⋯ 1根
  青椒⋯⋯⋯⋯⋯⋯⋯⋯⋯⋯ 1个
  番茄⋯⋯⋯⋯⋯⋯⋯⋯⋯⋯ 4个
  大蒜⋯⋯⋯⋯⋯⋯⋯⋯⋯⋯ 1瓣
  橄榄油⋯⋯⋯⋯⋯⋯⋯⋯⋯ 3大匙
  月桂叶⋯⋯⋯⋯⋯⋯⋯⋯⋯ 1片
  盐⋯⋯⋯⋯⋯⋯⋯⋯⋯⋯⋯ 少许
- 大麦⋯⋯⋯⋯⋯⋯⋯⋯⋯⋯ 70g
- 绿叶菜⋯⋯⋯⋯⋯⋯⋯⋯⋯ 70g

· *how to cook* · ［制作方法］

❶ 洋葱切成大块，茄子与西葫芦用削皮刀纵向去皮，然后切成5mm厚的圆片。芹菜切成薄片，青椒切成适口的大小，番茄切成大块。

❷ 橄榄油倒入锅中，用中火翻炒茄子，然后取出备用。将切碎的大蒜放入锅中，待香味溢出后加入洋葱、芹菜、西葫芦、青椒翻炒。整体裹油后加入番茄、月桂叶和盐，煮20分钟。煮至茄子入味变软。

❸ 依次将大麦、绿叶菜、150g步骤❷的法式炖菜放入珐琅铸铁锅（直径16cm）中，用中火加热。

❹ 加热5分钟后关火，焖1分钟即可。

· *memo* · 法式炖菜中加入适量黄油、盐、胡椒粉，加热后可用作意大利面酱汁。将法式炖菜放入焗盘里，加入熔化的
［小贴士］ 奶酪，然后放到烤箱里烘烤，马上就可以变身为一道美味的法式焗菜。

沙拉锅

干咖喱杂粮米奶酪沙拉

想要大吃一顿时，可选择分量充足的干咖喱。

奶酪口感黏稠，味道醇香浓厚，一款让人戒不掉的美味。

· *ingredients* · ［材料］1人份

- 干咖喱·············（适于制作的分量）
  - 洋葱·················· 1/2个
  - 青椒·················· 3个
  - 胡萝卜················· 1/2根
  - 黄油·················· 1大匙
  - 葡萄干················· 1/2杯
  - 猪肉、牛肉混合肉馅········ 200g
  - 酸奶油················· 1/2大匙
  - 咖喱粉················· 1/2大匙
  - A 番茄泥················ 100mL
  - 水··················· 100mL
  - 高汤底料··············· 1个
- 杂粮米·················· 70g
- 蔬菜嫩叶················· 60g
- 孔泰奶酪················· 10g

· *how to cook* · ［制作方法］

❶ 洋葱、青椒、胡萝卜切成碎块。黄油放入平底锅中，用中火加热，翻炒洋葱。接着加入青椒、胡萝卜、葡萄干翻炒，再放入混合肉馅翻炒。最后加入A中食材，熬干汤汁。

❷ 依次将杂粮米、蔬菜嫩叶、120g步骤❶的干咖喱倒入汤锅（直径16cm）中，再加入切成1cm见方的小块状孔泰奶酪作装饰，用中火加热。

❸ 加热5分钟后关火，焖1分钟即可。

· *memo* ·　干咖喱可以多做一些，用自封袋分装成小份，放入冰箱中冷冻保存，食用时更方便。不喜欢葡萄干的朋友，
［小贴士］　刚开始时可以先不加。

奶酪可选用车达奶酪
或帕尔玛干酪。

沙拉锅

牛排蓝纹奶酪糙米热沙拉

蛋白质对维持体力非常重要！
牛肉选用脂肪较少的部位会更健康。

煎牛肉时，
要将珐琅铸铁锅的加热
时间算进去。

· *ingredients* ·　[材料] 1人份

- 牛肉（牛排用）················· 100g
  - ┌ 盐、胡椒粉·····················各少许
  - └ 色拉油·························· 1大匙
- 芝麻菜·························· 30g
- 水芹·························· 10g
- 糙米·························· 70g
- 紫叶沙拉························ 20g
- 蓝纹奶酪······················ 10g

· *dressing* ·
柠檬调味汁

· *how to cook* ·　[制作方法]

1. 牛肉撒上盐、胡椒粉。色拉油倒入平底锅中，放入牛肉，用中火煎至喜好的程度。

2. 芝麻菜、水芹切成4cm的长段。

3. 将糙米、紫叶生菜、步骤❷的食材、步骤❶的牛肉、蓝纹奶酪依次放入珐琅铸铁锅中（椭圆形），用中火加热。

4. 加热5分钟后关火，焖1分钟。最后浇上调味汁即可。

大麦三文鱼蘑菇热沙拉

三文鱼的色素成分虾青素具有出色的美肌效果！

· *ingredients* · ［材料］ 1人份

- 杏鲍菇…………………………… 1个
- 丛生口蘑………………………… 1/3袋
- 三文鱼（刺身用）………………… 70g
  盐、胡椒粉………………………各少许
- 大麦……………………………… 70g
- 球生菜…………………………… 80g
- 豆苗……………………………… 30g
- 杏仁片……………………………适量

· *how to cook* · ［制作方法］

① 杏鲍菇纵向切两半，再横向切成3mm厚的片状。丛生口蘑撕成适口的大小。

② 将1大匙色拉油倒入平底锅中，用中火加热，翻炒步骤①的食材，然后取出备用。再倒入1大匙色拉油，放入撒了盐和胡椒粉的三文鱼，两面煎出颜色。

③ 将大麦、球生菜、去根的豆苗、步骤②的蘑菇、三文鱼依次放入锅中，加入炒香的杏仁片作装饰，用中火加热。

④ 加热5分钟后关火，焖1分钟，最后浇上调味汁即可。

 · *dressing* ·
葡萄酒醋调味汁

牛油果松软沙拉

牛油果经过加热后会变得非常松软，与生姜搭配，味道绝妙无比，让人由内而外感到温暖，有改善寒性体质的作用。

· ingredients · 〔材料〕 1人份

- 京水菜·································· 90g
- 牛油果·································· 1/2个
- 生姜···································· 1片
- 杂粮米·································· 70g

· dressing ·
日式调味汁

· how to cook · 〔制作方法〕

❶ 京水菜切成4cm的长段，牛油果切成1cm厚的片状。生姜切碎。

❷ 将杂粮米、京水菜、牛油果依次放入珐琅铸铁锅（直径16cm）中，加入生姜作装饰，然后用中火加热。

❸ 加热5分钟后关火，焖1分钟，浇上调味汁即可。

· memo · 〔小贴士〕

如果不马上食用，可购买颜色偏绿的牛油果，放在常温下催熟。牛油果的蒂若脱落、变黑，或者表皮黑皱，其内部也可能变色，应避免选购。

图书在版编目（CIP）数据

纽约风:健康的蔬菜谷物沙拉 / (日) 山田玲子著;
何凝一译. -- 海口:南海出版公司, 2018.6
ISBN 978-7-5442-9220-7

Ⅰ.①纽… Ⅱ.①山… ②何… Ⅲ.①沙拉—菜谱
Ⅳ.①TS972.118

中国版本图书馆CIP数据核字(2018)第044188号

著作权合同登记号　图字:30-2017-169
TITLE:〔NY発! サラダボウルレシピ～野菜と雑穀でヘルシー!〕
BY:〔山田 玲子〕
Copyright © Yamada Reiko
Original Japanese language edition published by DAIWASHOBO CO., LTD..
All rights reserved. No part of this book may be reproduced in any form without the
written permission of the publisher.
Chinese translation rights arranged with DAIWASHOBO CO., LTD., Tokyo through
NIPPAN IPS Co., Ltd..

本书由日本株式会社大和书房授权北京书中缘图书有限公司出品并由南海出版
公司在中国范围内独家出版本书中文简体字版本。

NIUYUEFENG JIANKANG DE SHUCAI GUWU SHALA
纽约风 健康的蔬菜谷物沙拉

策划制作:北京书锦缘咨询有限公司（www.booklink.com.cn）
总 策 划:陈 庆
策 　 划:滕 明

作　　者:〔日〕山田玲子
译　　者:何凝一
责任编辑:雷珊珊
排版设计:柯秀翠
出版发行:南海出版公司 电话:（0898）66568511（出版）（0898）65350227（发行）
社　　址:海南省海口市海秀中路51号星华大厦五楼 邮编:570206
电子信箱:nhpublishing@163.com
经　　销:新华书店
印　　刷:北京世汉凌云印刷有限公司
开　　本:889毫米×1194毫米 1/16
印　　张:6
字　　数:148千
版　　次:2018年6月第1版 2018年6月第1次印刷
书　　号:ISBN 978-7-5442-9220-7
定　　价:42.00元